DU

NOIR ANIMAL

RÉSIDU DE RAFFINERIE,

DE SA NATURE,

DE SON MODE D'ACTION SUR LES VÉGÉTAUX

ET

DES CONSÉQUENCES ÉCONOMIQUES QUI DOIVENT RÉSULTER
DE SON APPLICATION AU DÉFRICHEMENT DES TERRES INCULTES DU CENTRE
DE LA FRANCE.

(Mémoire lu à l'Académie des sciences dans ses séances des 9 février et 15 mars 1852.)

PAR

LE Vte DE ROMANET.

MEMBRE DU CONSEIL GÉNÉRAL DE L'AGRICULTURE, DU COMMERCE
ET DES MANUFACTURES

PARIS,

IMPRIMERIE ET LIBRAIRIE D'AGRICULTURE ET D'HORTICULTURE
DE Mme Ve BOUCHARD-HUZARD,
RUE DE L'ÉPERON-SAINT-ANDRÉ-DES-ARTS, 5.

1852

DU

NOIR ANIMAL

RÉSIDU DE RAFFINERIE.

INTRODUCTION.

Depuis plus de vingt ans, les cultivateurs de la Bretagne, et particulièrement ceux des environs de Nantes, guidés par les indications de la science, se sont emparés d'un engrais qui a bientôt accru, dans une proportion très-considérable, la somme de leurs produits, surtout en céréales, et l'emploi du noir animal résidu de raffinerie a déjà transformé, en quelque sorte, la face de ces contrées. Dans nos provinces du Centre, au contraire, qui réunissent toutes les conditions nécessaires pour tirer de cet engrais un plus grand parti encore, ses propriétés fertilisantes ne sont connues que d'un petit nombre d'hommes éclairés.

L'attention des cultivateurs du Centre a, sans doute, été

éveillée à ce sujet par une brochure très-importante de M. le docteur Chambardel, imprimée à Paris en 1849, et M. le comte de Gourcy a fait connaître la même année, par des notes curieuses insérées dans ses voyages agronomiques, les faits qu'il avait observés, d'abord à Grand-jouan, près Nantes, puis chez M. de la Selle, en Touraine, et chez quelques autres propriétaires; mais les cultivateurs praticiens, qui ont été si souvent trompés par des annonces fastueuses leur promettant des merveilles et ne leur apportant en réalité que des déceptions, sont devenus défiants à l'égard des engrais nouveaux pour eux; il faut qu'ils comprennent la nature et le mode d'action de la matière qu'on leur propose pour qu'ils se décident à l'adopter ou même seulement à l'essayer ; il faut qu'ils touchent du doigt, en quelque sorte, les avantages qu'ils en retireront; il faut enfin qu'ils saisissent les causes et les effets; or les causes et les effets ne leur ont pas été expliqués.

L'excellent ouvrage de MM. Moride et Bobierre, intitulé, *Technologie des engrais de l'ouest*, contient, sur le noir animal en particulier, et sur sa composition chimique, des renseignements extrêmement précieux; mais les auteurs examinant principalement cette substance comme objet de commerce, et au point de vue des falsifications dont elle a été l'objet, ne s'occupent pas de son application au défrichement des terres incultes que je considère ici comme la question la plus importante. Le mémoire remarquable de M. Payen, publié il y a bien des années déjà, traite exclusivement de l'action du noir animal *dans son application au raffinage du sucre.* Les indications très-sommaires que contiennent ses divers ouvrages, et les travaux de plusieurs autres chimistes sur l'emploi du noir comme engrais, sont restés dans le domaine de la science, et, si la Bretagne en a recueilli le fruit, c'est grâce aux expériences faites publiquement à Nantes par MM. Favre, Rissel et autres, qui ont dès longtemps vulgarisé dans cette contrée les merveilleux effets du noir de raffinerie appliqué à la culture des céréales.

Mais les faits particuliers qui se sont révélés dans la pratique n'ont pas été expliqués, et la théorie de ces faits est encore dans le vague, ce qui tend à restreindre l'emploi de l'engrais. Quant aux résultats économiques de cette découverte et aux avantages inappréciables qu'elle peut assurer immédiatement à toutes celles de nos provinces qui possèdent beaucoup de terres en friche, particulièrement à la Sologne, à la Brenne, à la Dombe, etc., c'est une question qui a été à peine effleurée.

Convaincu par le résultat de quelques expériences faites avec beaucoup de soin, je vais chercher à combler cette lacune en expliquant et en mettant, s'il est possible, à la portée de toutes les intelligences, la nature du noir animal sortant des raffineries de sucre, son mode d'action sur les végétaux, son emploi raisonné en agriculture, et les conséquences économiques qui doivent résulter de cet emploi, spécialement dans les provinces du Centre.

On demande souvent pourquoi les capitaux vont plutôt à l'industrie manufacturière et commerciale qu'à l'industrie agricole, et, par suite, pourquoi l'ouvrier prend le chemin des villes, où il trouve si souvent la misère, au lieu de rester dans les campagnes. Plusieurs motifs, comme cela a lieu en toutes choses, concourent à ce résultat; mais la cause la plus puissante est sans contredit celle-ci : l'industrie manufacturière et l'industrie commerciale réalisent leurs produits dans un espace de temps court et déterminé; le manufacturier qui achète cent balles de coton, et le capitaliste à qui il s'adresse pour obtenir les fonds nécessaires à cet achat, savent d'une manière certaine dans quel délai le coton sera converti en fil, le fil converti en tissu, le tissu livré au commerce, et les fonds rentrés dans les mains du fabricant. Ils peuvent donc, en quelque sorte, prévoir à jour fixe le moment où ils auront réalisé soit un bénéfice, soit une perte. Aussi le capital va là où il voit un résultat certain, et l'ouvrier va naturellement là où va le capital.

L'agriculture, au contraire, ne peut, dans l'état de choses actuel, ni réaliser ses produits dans un espace de temps court, ni obtenir de ses avances un résultat certain. L'engrais placé dans les terres ne donne un produit complet qu'au bout de trois ou de quatre, ou même de cinq et six années, suivant l'assolement adopté, et, pendant cette période, le prix des denrées qu'on doit obtenir varie de 20 à 30 pour 100. Si, pour amender ses terres, le cultivateur a recours à l'opération, si dispendieuse et cependant si nécessaire, du marnage, c'est de quinze et vingt ans qu'il s'agit, et il en est ainsi de toutes les améliorations qu'il peut tenter.

L'impossibilité même où il se trouve de calculer d'une manière un peu sûre le bénéfice probable d'une culture quelconque est cause que, ne pouvant, comme le manufacturier, s'abstenir quand l'opération ne présente pas des avantages suffisants, il va au hasard, se livrant uniquement à l'espérance, ce mot qu'il faut presque toujours traduire par le mot déception ; et ensuite, quand est venu le résultat si longtemps attendu, la nécessité d'acquitter les charges qui pèsent sur lui, la concurrence bien plus active pour les produits agricoles que pour les produits manufacturés, parce qu'ils se trouvent dans un plus grand nombre de mains, la nature même de ses denrées si encombrantes et d'une conservation si difficile (1), le forcent très-souvent de les livrer à perte. En présence de telles incertitudes, comment le capital pourrait-il aller à l'industrie agricole !

Eh bien ! l'emploi du noir de raffinerie tend à rapprocher, sous un point de vue très-important, l'industrie agricole de l'industrie manufacturière, en lui faisant obtenir, dans un temps à la fois court et déterminé, des résultats presque certains, et cela précisément dans les terrains les plus pauvres en apparence, dans ceux où, jusqu'à ce jour, les progrès de l'agriculture avaient été considérés comme étant les plus difficiles à obtenir. Quelques autres substances, telles que les os broyés, le guano, la poudrette, ont peut-être permis d'approcher un peu de ce résultat, mais elles sont loin d'atteindre aussi complétement, et surtout aussi économiquement le but, qui est de donner, dans un temps très-court, l'emploi de toutes les forces végétatives du terrain, et à la fois l'emploi de toutes les propriétés fertilisantes de l'engrais, par conséquent le résultat le plus complet d'une opération agricole.

(1) Qu'y a-t-il de plus encombrant, en effet, et de plus difficile à conserver que des bestiaux gras, qui dépérissent ou meurent, s'ils ne sont pas vendus à leur point ; que des élèves, soit agneaux, soit poulains, soit génisses, etc., qui consomment la nourriture destinée à d'autres élèves plus jeunes, s'ils ne sont pas enlevés à temps ; que des grains, même, qu'il faut remuer fréquemment, et qui souvent sont attaqués par des insectes dévastateurs ?

En effet, 1 hectare de terre en friche de qualité moyenne étant donné le 1er septembre de telle année, on peut, si le cultivateur emploie pour engrais du noir de raffinerie et l'applique d'une manière judicieuse, dire, avec autant de certitude qu'on le dit pour le produit d'une balle de coton, que, le 1er septembre de l'année suivante (1), il aura dépensé tant..... en frais de culture, de semence, d'engrais, de récolte, etc., et que son bénéfice net ou sa perte sera de tant..... (2), et l'opération se trouvera complète, car, pour la récolte suivante qu'il voudra obtenir du même hectare de terre, il lui faudra la même quantité d'engrais comme de semence, et, à peu de chose près, les mêmes frais de culture. Or cela pourra se répéter pendant un certain nombre d'années, sans que cet hectare de terre se trouve épuisé par les récoltes successives, et devienne, pour cela, inférieur aux terres *anciennes* de même nature qui se trouvent dans le voisinage.

Telle est la proposition d'économie rurale que je vais essayer de démontrer. Si cette démonstration repose sur des faits réels et clairement expliqués, les conséquences économiques de ces faits me semblent être de la plus haute importance.

(1) On conçoit facilement que ceci est un exemple applicable seulement à un petit nombre d'hectares : s'il s'agissait d'une grande étendue de terrain, l'espace de temps qui s'écoule entre le 1er septembre et l'époque convenable pour semer les céréales d'hiver pourrait se trouver trop court ; mais il suffira, dans ce cas, de prendre un peu plus de temps pour le terme de l'opération.

(2) Il est bien entendu que la récolte aura été assurée contre la grêle.

De la nature du noir animal résidu de raffinerie.

Le charbon d'os qu'on emploie dans les raffineries de sucre est le résultat de la calcination des os de toute espèce d'animaux opérée à grand feu soit dans des vases de fonte, soit dans des vaisseaux de terre cuite parfaitement clos et à peu près semblables, quant à leur nature, à leur forme et à leurs dimensions, à ceux qu'on emploie sous le nom de *gazettes* pour faire cuire les assiettes de porcelaine. Avant la carbonisation, on a soin de briser les os en fragments longitudinaux autant que possible, afin de faciliter la sortie de la graisse qui remplit leurs pores, et on les fait bouillir dans de grandes chaudières pour les purger de cette graisse, qui se vend aux fabricants de stéarine ou aux savonniers, et dont le produit diminue d'autant le prix de revient du noir ; puis on attend qu'ils soient bien secs pour les empiler dans les gazettes et les mettre au four.

Le charbon d'os offre, après la calcination, l'aspect du charbon de bois, avec cette différence qu'il est d'un noir beaucoup plus mat et plus terne, ne présentant à l'œil aucune partie brillante. On le réduit, au moyen de meules ou de cylindres cannelés, en grains plus ou moins gros, et il porte alors, suivant sa grosseur, le nom de *noir gros grain* ou *noir grain ;* lorsqu'il est en poudre, on l'appelle *noir fin*.

Tous les charbons, soit végétaux, soit animaux, ont été

reconnus, depuis plus d'un demi-siècle (1), comme étant doués de la faculté particulière de décolorer les liquides, tels que vins, vinaigres, sirops, etc., et ils sont d'autant plus propres à opérer cette décoloration, qu'ils sont plus poreux, c'est-à-dire qu'ils présentent, sous un volume donné, une plus grande somme de surfaces pouvant être mises en contact avec les particules colorantes du liquide sur lequel on opère. Or, parmi les corps organisés, les os se trouvant être, par l'effet d'une structure toute spéciale, visible même à l'œil nu, celui qui présente la plus grande porosité, le charbon qui en provient a été reconnu, pour ce motif et pour quelques autres encore, qu'il serait trop long d'énumérer ici, comme étant le plus propre à la décoloration des liquides, en sorte qu'il est depuis longtemps exclusivement adopté pour décolorer les solutions aqueuses ou sirops qui contiennent du sucre cristallisable, lequel, bien que parfaitement blanc de sa nature, se trouve toujours, cependant, quand on l'extrait des végétaux qui le renferment, allié à des matières colorantes qui altèrent sa pureté et lui communiquent un goût plus ou moins désagréable.

Les raffineurs se servent du noir *en grain* (2) pour construire des filtres que le sirop doit traverser plusieurs fois

(1) Tobie Lowitz, chimiste allemand, constata, le premier, la propriété décolorante et antiseptique du charbon; il obtint, en 1790, une médaille d'or pour avoir découvert le moyen de conserver l'eau douce, en mer, par l'emploi du charbon.

(2) Le noir en grain peut être révivifié un grand nombre de fois par de nouvelles calcinations, qui carbonisent les matières végétales logées dans ses pores; mais, comme ces matières brûlées laissent elles-mêmes une sorte de charbon végétal qui se dépose en pellicules minces sur

avant de perdre entièrement sa couleur, et ils emploient, pour la clarification de ce même sirop, du *noir fin* uni à une certaine quantité de sang de bœuf défibriné, substance albumineuse moins chère que ne serait le blanc d'œuf (1). Dans cette opération, qui se fait à chaud, pendant l'ébullition du sirop, l'albumine du sang forme un réseau, lequel enveloppe toutes les matières étrangères, y compris les dernières parcelles du noir lui-même, qui se trouvaient suspendues dans le liquide, et les entraîne dans les écumes; à peu près comme dans le collage des vins en pièces, le blanc d'œuf ou la colle de poisson qu'on emploie à cet usage forme un vaste réseau, lequel emprisonne et entraîne toutes les substances étrangères qui troublaient la limpidité du vin.

Ces diverses matières, le charbon d'os et l'albumine, restent déposées ensemble sur les filtres quand on opère les derniers filtrages du sirop; on les lave alors à l'eau chaude à plusieurs reprises, et on les soumet à l'action de la presse pour en extraire le sucre qu'elles contenaient, puis on les porte au dépôt des résidus.

Tel est le noir animal résidu de raffinerie. Cette substance, comme on le voit, ne se compose pas seulement de charbon d'os, elle contient une quantité considérable

toute la surface décolorante et tend à paralyser son action, on est obligé de le passer de nouveau entre les meules ou cylindres, pour détruire, autant que possible, cette pellicule, et à chacune de ces opérations le noir en grain perd un peu non-seulement de son poids, mais encore de sa puissance décolorante. (Voir la *Chimie industrielle* de M. Payen, dans laquelle toutes les opérations du raffinage sont admirablement décrites.)

(1) Pour 100 kilogr. de sucre on met 4 à 5 kilog. de *noir fin* et de 2 à 3 kilog. de sang.

de sang coagulé uni à des matières colorantes, à des débris de cellules et autres matières végétales, et de plus à une petite portion de chaux qui s'était combinée avec le sucre lors de l'épuration première du jus de la canne, et surtout du jus de la betterave, et qui, retenue dans le sucre brut malgré les moyens employés pour l'en séparer, reste, en définitive, dans le noir résidu de raffinerie. Or ici se présente la question de savoir si le charbon d'os pur et n'ayant encore servi à aucun usage est préférable, pour l'agriculture, au noir animal résidu de raffinerie. J'ai entendu quelques personnes soutenir cette opinion que je suis loin de partager. Une expérience comparative faite en 1851 m'a donné pour résultat un rendement plus considérable du terrain qui avait reçu le noir de raffinerie ; et sans parler ici de l'action que peut produire la petite quantité de chaux qui se trouve dans le résidu, sans parler des réactions chimiques plus ou moins actives que peuvent exercer les unes sur les autres les diverses substances dont se compose ce résidu très-complexe, réactions qui tendraient à faciliter la décomposition de ces substances, il y a lieu de penser, je crois, que si les phosphates, élément principal du charbon d'os, ont, dans le résultat obtenu, une part d'action qui me paraît prépondérante, l'albumine du sang, si riche en azote, lequel, grâce à l'action conservatrice du charbon d'os qui lui est uni, se dégage moins rapidement dans le sol que si le sang était employé seul, que cette albumine, dis-je, concourt aussi, dans une forte proportion, aux effets merveilleux que le noir de raffinerie produit sur la végétation des plantes que nous cultivons (1).

(1) Le charbon d'os, qui jouit, ainsi que les autres charbons, mais à

Mais du reste, comme tout en prenant la science pour point de départ j'envisage cependant toujours les questions agricoles au point de vue pratique, celle-ci me paraît, au fond, nettement tranchée; car le noir neuf coûte de 15 à 18 fr. l'hectolitre, tandis que le noir de raffinerie coûte de 7 à 9 fr. seulement, l'un et l'autre pris à Paris (1), et cette différence dans les prix se retrouvera à peu près la même tant que la France conservera l'industrie si précieuse du raffinage. Or, comme dans le noir de raffinerie le charbon d'os entre pour plus de moitié, il faudrait, pour préférer le noir neuf, en tenant compte de son prix comparatif, soutenir que l'action du sang comme engrais est complétement nulle, ce qui serait absurde; je ne m'occuperai donc ici que du noir animal résidu de raffinerie.

Cette substance forme, lorsqu'elle est sans mélange de matières étrangères, une masse noire assez friable, très-odorante, mais dont l'odeur ne devient pas fétide comme

un degré bien plus éminent, comme nous l'avons vu, de propriétés désinfectantes ou antiseptiques, agit comme désinfectant ou comme absorbant et condensateur des gaz, quand il se trouve mélangé au sang de bœuf, en sorte que le noir de raffinerie n'a pas cette odeur nauséabonde qui s'exhale du sang employé comme engrais, odeur provenant de gaz qui se trouvent dès lors perdus pour les plantes, lesquelles ne peuvent les absorber tous, tant est prompte la décomposition ou la putréfaction du sang, lorsqu'elle ne se trouve pas ralentie par l'addition du charbon d'os.

(1) On me dira peut-être qu'on pourrait, dans les campagnes, faire ramasser les os qui se perdent, puis les faire calciner et broyer sur les lieux; mais cela exigerait un matériel considérable, un temps que le cultivateur peut employer beaucoup plus utilement, et des connaissances qu'il possède rarement.

celle du sang desséché quand on la répand sur la terre; pesant ordinairement, dans l'état d'humidité où les cultivateurs la reçoivent, de 90 à 96 kilogr. par hectolitre, développant promptement quand elle est amoncelée, et conservant pendant longtemps, une chaleur considérable, et se couvrant bientôt, quand on la laisse à l'air libre, bien que dans l'intérieur des bâtiments, de moisissures blanchâtres, lesquelles se présentent comme des plaques de lichen sur toute la surface du tas; mais ces signes plus ou moins constants, et quelques autres encore, sont bien peu caractéristiques, en sorte que le noir de raffinerie offre, comme la plupart des engrais, de grandes facilités à la falsification. Déjà un nombre infini de cultivateurs bretons ont été victimes de cette fraude, laquelle s'est organisée en grand à Nantes, à Laval, et dans plusieurs autres villes des départements de l'ouest (1).

Pour soustraire les cultivateurs aux déceptions et aux pertes très-réelles qui sont la conséquence de cette fraude, on a proposé divers moyens dont je ne discuterai pas ici l'efficacité; mais, jusqu'à ce que l'administration supérieure ou les administrations départementales aient jugé à propos de les appliquer, le mieux est de s'adresser directement aux raffineries, et particulièrement à celles de Paris, pour lesquelles la vente des résidus n'est qu'un accessoire tout à fait secondaire. D'ailleurs la plupart des substances qu'il faut employer pour falsifier le noir seront

(1) La poussière de charbon de bois, la tourbe, le terreau, le sable fin plus ou moins coloré, la terre de bruyère, les cendres de charbonnière, la houille menue, les schistes tamisés, l'argile noircie par la carbonisation, une foule de substances enfin plus ou moins inertes, ont été employés à cet usage.

toujours, à Paris, d'un prix assez élevé, à cause des frais de transport, en sorte que la fraude ne présenterait pas, à celui qui s'y livrerait dans cette ville, un bénéfice très-considérable.

De son mode d'action sur les végétaux.

Les plantes en général, et plus spécialement celles que nous cultivons, sont pourvues des organes propres à puiser, dans la terre et dans l'air qui les environne, tous les matériaux nécessaires à l'élaboration complète, à la confection entière des éléments nutritifs qu'elles doivent fournir à des êtres organisés d'une nature supérieure, c'est-à-dire aux animaux, suivant la loi si belle et si simple développée par M. Dumas dans la *Statique chimique des êtres organisés ;* mais si elles trouvent dans le sol ces éléments nutritifs tout confectionnés, si elles y trouvent, par exemple, des substances qui sont déjà entrées dans la construction d'autres végétaux, et surtout de végétaux semblables à elles, elles s'en emparent immédiatement, et comme leurs organes assimilateurs ne se reposent pas pour cela, comme ils ne cessent pas de fonctionner et de puiser d'autres matériaux dans l'air et dans le sol, il en résulte, la période de temps accordée à l'existence de telle ou telle plante étant toujours la même, qu'elle atteindra, pendant cette période, des proportions d'autant plus considérables : le pied de froment ou de seigle fournira un plus grand nombre de tiges, ces tiges seront plus fortes et plus élevées, l'épi sera plus long, les grains plus nombreux, plus gros, plus lourds.

Maintenant, si ce pied de froment ou de seigle trouve dans le sol non pas seulement des éléments qui ont déjà fait partie du tissu d'êtres organisés de la même classe que lui, c'est-à-dire des détritus végétaux ; mais les principes nutritifs bien plus complets qui ont fait partie de la substance même de ces êtres organisés d'une nature supérieure, pour lesquels les végétaux travaillent sans relâche, je veux dire des matières animales, sa végétation se trouvera activée d'une manière bien plus énergique encore.

Ainsi, par exemple, les cendres de bois, même celles qui ont été lessivées, se composent, en majeure partie, de substances qui ont été primitivement charriées par les eaux et se sont peu à peu accumulées dans les tissus des végétaux; ces substances sont donc propres à être reprises par l'eau des pluies, et assimilées de nouveau par d'autres végétaux qui absorberont cette eau. Aussi, quand les cendres ont été mélangées avec la terre labourable ou répandues sur le sol des prairies dans de certaines proportions, elles offrent à la plupart des plantes une nourriture très-propre à accroître leur développement; cela est connu de tout le monde.

Mais, lorsque les cendres ont servi au blanchissage du linge, si par leur immersion dans l'eau chaude elles ont perdu quelques parties de leurs sels les plus solubles, elles se sont chargées, d'un autre côté, de toutes les matières animales dont étaient imprégnés le linge et les autres tissus mis en contact avec elles, en sorte que, dans cet état, elles fournissent, aux plantes que nous cultivons, une somme d'éléments nutritifs plus considérable encore; aussi produisent-elles, dans ce cas, des effets plus marqués (1). Dans quelques villes du Centre où l'on sait apprécier cette différence, les cendres de blanchisseuse se vendent le même prix au moins que les cendres neuves; mais, dans la plupart des localités, elles se vendent moins cher, et sont alors comme le noir de raffinerie, qui vaut mieux pour l'agriculture que le noir neuf, et néanmoins se vend à meilleur marché, parce qu'il a déjà été utilisé par une autre industrie.

Les diverses substances, ayant fait partie des corps organisés, agissent chacune à leur manière, et suivant des proportions qui leur sont propres, pour activer la végétation; et cette action des détritus soit animaux, soit végétaux varie extrêmement, quant à ses résultats, suivant qu'on les applique à telle ou telle plante. Examinons d'abord comment le noir animal, résidu de raffinerie, agit sur la végétation en général, et ensuite quel effet particulier il produit sur chacun des végétaux qui intéressent l'agriculture.

L'expérience a donné lieu à plusieurs observations précieuses sur l'action toute spéciale de cet engrais :

1° Un fait important a été signalé dès l'abord, et constamment reconnu depuis par tous les cultivateurs qui l'ont employé, c'est que, si le noir animal, appliqué en

(1) Je crois pouvoir affirmer, après une expérience journalière de plus de vingt ans, que 1 mètre cube de charrée dite cendre de blanchisseuse, répandu sur un pré ou appliqué à la culture des terres, équivaut presque à 2 mètres cubes de cendres neuves, telles qu'elles résultent de la combustion du bois dans les cheminées, c'est-à-dire sans mélange de terre, et à 8 mètres au moins de cendres prises dans les bois sur les charbonnières, c'est-à-dire fortement mélangées de terre, pierrailles, charbon et fumerons.

très-petite quantité (4 hectolitres environ à l'hectare), donne cependant des récoltes abondantes, quand on agit sur des terres neuves ou de bruyère, c'est-à-dire sur des terres nouvellement défrichées, ce même noir, au contraire, produit un effet à peu près nul quand on l'applique, en quantité égale, à des terres cultivées depuis longtemps; et dans ce cas, en doublant, en triplant, en quadruplant la dose de noir, on ne parvient pas encore à obtenir, de ces vieilles terres, des récoltes aussi belles, à beaucoup près, que celles qu'on obtient des terres neuves avec 4 hectolitres de noir à l'hectare (1). Il est entendu que je parle ici des terres neuves ou de bruyère de bonne qualité, ou au moins de qualité moyenne, c'est-à-dire présentant une couche de terre végétale de 15 à 20 centimètres environ, et couvertes, au moment où on les défriche, de bruyères, d'ajoncs, etc.; s'il s'agissait de ces graviers, comme il s'en rencontre quelquefois, revêtus seulement de lichens et n'offrant que 3 à 4 centimètres de terre, les résultats ne pourraient plus être les mêmes.

2° Un autre fait très-remarquable, c'est qu'on peut, à l'aide du noir animal renouvelé chaque année, obtenir sur le même terrain plusieurs récoltes de suite de la même plante céréale, soit seigle, soit froment, soit avoine, non-seulement sans qu'on observe de diminution dans le produit, mais plutôt avec augmentation de ce même produit, pourvu que la quantité de noir employée soit toujours à peu près égale, et pourvu surtout qu'on ait le soin, comme je l'indiquerai plus loin, d'enterrer le noir avec la semence

(1) M. de Gourcy dit avoir vu mettre, en Bretagne, 40 hectolitres de noir à l'hectare sur des terres anciennes.

à la herse seulement, au lieu de le disséminer dans toute l'épaisseur de la terre végétale par un labour profond. Mes propres observations, faites jusqu'à ce jour tant chez moi que chez un de mes voisins, M. Lupin, qui se sert depuis longtemps du noir animal comme engrais, établissent qu'on peut obtenir ainsi quatre seigles de suite, et M. Chambardel déclare avoir obtenu trois froments de suite avant la publication de son mémoire en 1849. Je ne puis dire précisément où s'arrêtera cet effet extraordinaire de l'emploi du noir; mais il doit nécessairement, après quelques années, aller en s'affaiblissant à mesure que les principes contenus dans cette substance se seront successivement combinés avec toutes les parties de l'humus ou terre de bruyère, et que, par l'effet des récoltes obtenues, la terre neuve sera graduellement arrivée à cette situation qui caractérise les vieilles terres, de ne pouvoir produire de récoltes satisfaisantes sans addition de fumier d'étable ou d'un engrais artificiel contenant toutes les bases qui constituent le fumier d'étable, ce qui arrivera plus tard ou plus tôt, suivant l'épaisseur plus ou moins grande que présente la couche d'humus.

Or il ne faut pas oublier que cette même terre de bruyère, qui convenait si bien, au moment où on l'a défrichée, à la végétation des plantes impropres à la nourriture du bétail, c'est-à-dire des joncs, des carex, des bruyères et de ce nombre infini de plantes que l'horticulture a été chercher dans les terrains incultes de toutes les parties du monde pour embellir nos jardins, que cette terre de bruyère, dis-je, cesse de convenir à la plupart d'entre elles dès qu'on y applique du noir animal, de la chaux, de la marne, du fumier d'étable, etc., en quantité suffisante pour les rendre propres à la production des plantes alimentaires, à tel point que, dans ce cas, les bruyères, les carex et même les joncs commencent aussitôt à dépérir, et ne tardent pas à disparaître du sol ; aussi les cultivateurs ont coutume de dire que le noir, comme la marne, nettoie la terre et fait mourir les mauvaises herbes.

3° Les bruyères de qualité moyenne, défrichées soit à la pioche, soit à la charrue (mais non écobuées), donnent *immédiatement*, avec l'aide du noir animal, de belles récoltes en grains; or ces mêmes terres neuves produiraient également des récoltes abondantes surtout en seigle, et pendant une longue suite d'années, si elles recevaient simplement du fumier ordinaire, *mais avec cette circonstance particulière*, que, si on n'emploie pas de noir, ces terres, au lieu de rapporter dès la première année, ne commenceront à devenir productives que trois ou quatre ans après le défrichement, et encore à la condition que pendant ces trois ou quatre ans elles auront été plusieurs fois retournées, hersées, divisées, que toutes leurs parties enfin se seront trouvées successivement soumises à l'action des pluies, de l'air atmosphérique, de l'électricité, et des autres agents météorologiques.

4° Quand on a appliqué une seule fois à des terres neuves du noir résidu de raffinerie, ou, dans quelques cas, pendant deux années de suite, l'obstacle est vaincu; on peut alors, les années suivantes, employer du fumier d'étable ou tout autre engrais.

5° Enfin les effets du noir animal sur la végétation des céréales, et particulièrement sur leur rendement en grains, sont beaucoup moins marqués quand la terre de bruyère à laquelle on l'applique reçoit en même temps, ou a reçu peu de temps auparavant, un marnage ou un chaulage. « Un tombereau de marne, dit M. Chambardel, tombé, par « mégarde, sur un de mes défrichements, a rendu pres- « que stériles toutes les parties qui en avaient reçu, tan- « dis qu'au contraire la récolte était magnifique tout au- « tour. » M. de Gourcy rapporte plusieurs faits analogues, et le résultat de mes propres expériences m'a fait reconnaître que, quand la terre de bruyère a été marnée, la petite quantité de noir animal que M. Chambardel emploie et que j'emploie moi-même (4 1/2 hectolitres à l'hectare) ne produit plus d'effet sensible sur cette terre, en sorte qu'elle se trouve, à peu de chose près, dans la situation d'un terrain qu'on aurait marné sans y appliquer aucun engrais.

D'autre part, tout le monde a pu remarquer, en parcourant des landes couvertes d'une bruyère épaisse, que, dans les parties servant habituellement de passage aux animaux domestiques, aux oies, aux dindes, etc., et qui se trouvent ainsi peu à peu imprégnées de matières animales, la bruyère disparaît très-promptement pour faire place à un gazon fin composé de graminées que les bestiaux recherchent avec avidité. Eh bien, ces parties gazonnées, qui, lorsqu'on défriche les landes pour les cultiver avec du fumier d'étable, sont les premières à produire du grain, se montrent, au contraire, beaucoup moins sensibles à l'action du noir animal, en sorte que, dans une pièce de céréales obtenues sur défrichement à l'aide de cette substance, on reconnaît à l'instant ces mêmes parties à l'infériorité de leurs produits. C'est une circonstance que j'ai remarquée souvent, et qui a été signalée par M. Millet dans un rapport fait à la Société centrale d'agriculture sur les défrichements de M. Chambardel.

Il me semble que de ces diverses observations, qui ne seront contestées par aucun cultivateur, découle naturellement la théorie du mode d'action du noir animal, résidu de raffinerie, sur la végétation.

Je prends successivement chacune des observations qui précèdent.

PREMIÈREMENT. — Le noir ne produit pas d'effet sensible sur les vieilles terres; pourquoi cela ? parce qu'il ne contient pas tous les éléments constitutifs des plantes alimentaires. Les détritus de nature végétale, qui se trouvent si abondamment dans les terres neuves, manquent presque complétement, au contraire, dans les terres usées, surtout dans les provinces du Centre où on enlève le chaume ; dès lors, c'est le fumier d'étable qui convient à ces dernières, parce que, étant composé, en grande partie, de paille de blé et autres débris de végétaux unis à une certaine quantité de déjections animales, il présente plus complets, bien que moins puissants, les éléments indispensables à la nourriture des céréales et de presque toutes les plantes économiques.

DEUXIÈMEMENT. — Si, lorsqu'on emploie le noir animal pour engrais dans une terre neuve, on peut y semer la même céréale plusieurs années de suite sans observer de diminution dans les produits, c'est parce que cette terre contient une quantité *surabondante* de débris de végétaux éminemment fertilisants, et qu'il suffit, tant que ces éléments nutritifs ne sont pas épuisés, de lui fournir les matières de nature différente qui lui manquent et qu'exigent les céréales. Mais en même temps il faut renouveler, chaque année, l'application de l'engrais, parce que ces principes fournis par le noir animal deviennent, pour la plupart, si facilement assimilables, qu'ils se trouvent immédiatement absorbés, et qu'il en reste fort peu dans le sol, quand le blé a accompli sa période de végétation.

Troisièmement. — Ces terres neuves produiraient avec du fumier ordinaire, et sans le concours du noir animal, d'abondantes récoltes, si seulement on laissait écouler, après le défrichement et la division de leurs parties, un espace de temps suffisant pour permettre à l'air atmosphérique de déposer dans le sol divers éléments nutritifs, indispensables à la végétation des plantes alimentaires. Donc, en fournissant instantanément à ce sol incomplet, quoique riche, les matières qu'il ne possède pas encore, le noir ne fait que devancer et accroître l'action lente et régulière des agents météorologiques dont l'air est le véhicule, notamment l'action des pluies, qui versent incessamment de l'ammoniaque dans la terre, mais avec parcimonie, tandis que l'albumine du sang que contient le noir dégage, au contraire, l'ammoniaque avec une grande abondance, en se décomposant dans le sol.

Quatrièmement. — Le noir animal nous fait obtenir des céréales sur ces terres neuves ou de bruyère qui, sans son concours, ne produisent, au moment où on les défriche, que des bruyères, des carex, des joncs et autres plantes peu propres à la nourriture des animaux; puis, d'autre part, il suffit, pour rendre la terre de bruyère apte à produire de belles récoltes en céréales avec l'emploi des engrais ordinaires, qu'elle ait reçu une ou, au plus, deux applications de noir animal. Donc le noir neutralise certains principes dont sont imprégnés ces sortes de terrains, désignés de tout temps, par les cultivateurs du centre de la France, sous la dénomination de terrains *amers*, principes qui sont aussi nuisibles à la culture des plantes alimentaires que favorables à la végétation des joncs, des bruyères et autres plantes de ce genre (1), et c'est en pa-

(1) Mais quels sont ces principes amers? C'est une question, sans doute, qui n'est ici que subsidiaire; mais elle se rattache à la théorie du mode d'action du noir de raffinerie sur les plantes alimentaires cultivées dans une terre neuve. Je vais donc chercher à la résoudre; si je n'y parviens pas, j'aurai du moins appelé l'attention sur une question tout à fait nouvelle, importante au point de vue scientifique, et dont la solution doit exercer de l'influence sur le défrichement des terres incultes.

On doit remarquer d'abord que la présence d'un agent conservateur énergique peut seule expliquer l'accumulation, pendant plusieurs siècles, des détritus végétaux qui composent la terre de bruyère et aussi la tourbe (1). On sait que les marais ne renferment pas tous de la tourbe, on sait que les terrains qui se couvrent de bruyères ne contiennent pas tous de la terre de bruyère; ce sont des faits incontestables. Il n'est presque pas un propriétaire des départements du centre qui ne soit obligé d'envoyer chercher de la terre de bruyère plus ou moins loin pour ses jardins, bien qu'il ait tout près de lui, dans ses bois ou ses pâturages, des terrains couverts de bruyères. Tout le monde a vu dans le Maine, dans le Gatinais, aux environs de Senlis, dans la forêt de Montmorency et dans des terrains de diverses natures, de vastes surfaces qui sont couvertes de bruyère, et, quand on arrache cette bruyère, on trouve un sol blanchâtre ne contenant pas une parcelle de détritus végétal, tandis qu'ailleurs, souvent à quelques mètres de distance, se trouvent des parties de ces mêmes landes

(1) On rencontre, dans la tourbe et dans les parties qui ne sont pas habituellement submergées, des arbres entiers conservés à ce point, qu'après plusieurs siècles d'enfouissement ils sont encore propres à donner de la latte et de la planche d'excellente qualité.

ralysant l'action nuisible de ces principes que le noir de raffinerie rend immédiatement propres à la culture des céréales les terrains en friche qui contiennent beaucoup

dont le sol ne semble pas différer beaucoup quant aux éléments apparents dont il se compose, où la végétation paraît être la même, et qui, cependant, présentent une couche plus ou moins épaisse d'excellente terre de bruyère.

L'accumulation lente des corps organisés qui composent la terre de bruyère indique donc nécessairement, là où elle se trouve, une constitution particulière du sol, et révèle dans ce sol la présence d'un agent spécial.

Cet agent est tellement puissant, qu'en Sologne j'ai vu maintes fois, dans des bois taillis exactement clos et sévèrement interdits à la pâture depuis qu'ils avaient été coupés, du crottin de mouton, en quantité considérable, conservé intact, au bout de plusieurs années, entre le sol, et des tiges et feuilles desséchées de bruyère ; et chacun sait que, dans tout autre terrain, ce crottin, ainsi placé et exposé à la pluie, se serait trouvé décomposé et aurait disparu au bout de quelques mois.

Quel est cet agent ? M. Adolphe Brongniart dit, dans ses considérations sur la nature des végétaux qui ont couvert la surface de la terre aux diverses époques de sa formation, que « la décomposition des *restes de végétaux morts* et leur transformation en terreau *sont dues à la transformation d'une partie du carbone du bois par l'oxygène de l'air.* » Suivant cette opinion, qui était celle de M. de Saussure, que M. Thénard a également exprimée (*Traité de chimie*, tome III, page 410), et qui paraît parfaitement fondée, il se dégagerait constamment, de la tourbe et de la terre de bruyère *qui sont composées de restes de végétaux morts*, des quantités notables de gaz acide carbonique, lequel résulterait de cette *soustraction*, c'est-à-dire de la combinaison du carbone du bois avec l'oxygène de l'air, et viendrait prendre place dans l'atmosphère; donc il existe l'acide carbonique dans la terre de bruyère qui se trouve en contact avec l'air atmosphérique.

Ce dégagement constant d'acide carbonique peut concourir à exde débris de végétaux. C'est ainsi que le noir, suivant l'expression des cultivateurs, nettoie la terre de mauvaises herbes, c'est-à-dire qu'en rendant le sol contraire aux

pliquer comment les contrées où la plus grande partie du terrain est en friche sont malsaines pour leurs habitants, et comment elles deviennent plus saines par ce seul fait que les terrains en friche ont été livrés à la culture, ce qui ne peut être contesté par personne : cela peut, en outre, rendre compte de certains effets du noir de raffinerie sur les terres neuves, notamment de la dissolution des phosphates osseux appliqués à ces sortes de terres ; mais cela n'explique nullement la longue conservation des débris de végétaux dont se compose la terre de bruyère.

D'autre part, M. le docteur Chambardel s'exprime ainsi dans son mémoire, dont j'ai parlé plus haut : « On pense généralement que « l'acide tannique, qui se trouve en quantité considérable dans ces « terres, est la cause de leur stérilité ; je laisse à des chimistes plus « éclairés que moi le soin d'expliquer ces faits. » La présence, non pas, comme le dit *par erreur* M. Chambardel, de l'acide tannique, lequel se transforme promptement, quand il se trouve en contact avec l'air et l'humidité, et ne peut, par conséquent, subsister dans la terre, mais du tanin ou d'un principe tannant, principe *amer*, éminemment conservateur des corps organisés, auquel les pêcheurs ont recours pour conserver leurs filets, auquel nous devons la longue durée des peaux ou cuirs qui en ont été imprégnés par l'action du tannage, et la résistance presque indéfinie que ces cuirs présentent à la désagrégation de leurs molécules par les agents météorologiques ; la présence de cette substance, dis-je, expliquerait parfaitement la formation de la terre de bruyère et de la tourbe, et une expérience faite par M. Chevreul viendrait indirectement à l'appui de ce qu'avance M. Chambardel. M. Chevreul dit (voir le *Dictionnaire des sciences naturelles*, article *substances tannantes*) qu'en traitant la houille par l'acide nitrique il a obtenu une substance tannante, c'est-à-dire un tanin qu'il appelle artificiel, par opposition au tanin de la noix de galle et de l'écorce du chêne, qu'il appelle naturel ; le principe du tanin existerait donc dans la houille, et je dirais, s'il y existe en effet, végétaux que les cultivateurs appellent mauvaises herbes, parce qu'elles ne sont pas propres à la nourriture des animaux, le noir protége les plantes que nous cultivons contre l'envahissement de ces mêmes végétaux.

qu'il peut avoir concouru, à une époque ancienne, à la conservation des couches de houille, comme il peut concourir, de nos jours, à l'accumulation des débris de végétaux qui forment les couches de tourbe et de terre de bruyère.

Mais le tanin, tel qu'il a été caractérisé par les chimistes, notamment par M. Séguin (voir le *Dictionnaire des sciences naturelles*, tome LI, page 207), et récemment encore par M. Régnault (*Cours de chimie*, tome IV, page 296), ou du moins un principe tannant pouvant être isolé, se trouve-t-il réellement dans la terre de bruyère et dans la tourbe ? Cela est contestable. On a indiqué, au lieu du tanin, l'ulmine, l'acide ulmique, et en effet Braconnot dit (voir le *Dictionnaire des sciences naturelles*, tome LVI, page 235) avoir trouvé l'ulmine dans le terreau, la tourbe, le lignite terreux, etc.; M. Lassaigne a constaté, en 1834 (*Journal de pharmacie*, t. XX, page 481), la présence d'une grande quantité d'acide ulmique dans du blé friable, léger, noir, et paraissant avoir subi une décomposition analogue à celle de la tourbe, mais parfaitement conservé quant à sa forme, et trouvé à Paris dans un caveau fort ancien (1). On a parlé aussi d'humine, d'acide humique ou acide de l'humus, et Mulder a retiré l'humine (*Journal de chimie*, *Dictionnaire raisonné des dénominations chimiques*, article *acide humique*) de la tourbe, de l'humus ou terre végétale, du bois de saule pourri, et de divers produits qui résultent de la destruction ou plutôt de la combustion lente des matières végétales au contact de l'air et de l'humidité.

Enfin on a parlé d'acides bruns (*Journal de chimie*, article déjà cité), et sous cette dénomination générale on comprend à la fois les substances que je viens d'énumérer, ulmine et acide ulmique, humine et acide humique, puis encore l'acide brunolique, qui se rencontre

(1) On trouve une grande quantité de blé semblable enfoui sous un éboulement de terre fort ancien au lieu dit *le Grenier-de-César*, dans la vallée de Royat, près de Clermont.

Cinquièmement. — Si certaines bases du noir neutralisent, comme je viens de le dire, les principes amers ou acides que contient la terre de bruyère, c'est nécessairement en se combinant avec ces mêmes principes; or cette combinaison doit entrer pour beaucoup dans les effets merveilleux que produit le noir de raffinerie, et, si elle n'avait pas lieu, ces effets seraient beaucoup moindres. Si donc les phosphates que contient le charbon d'os neutralisent l'acide qui abonde dans la terre de bruyère, c'est

dans le goudron de la houille, la substance noirâtre qu'on retire de la suie, la matière brune qui se dépose quand on abandonne au contact de l'air une dissolution aqueuse ou extrait de noix de galle; l'acide crénique, l'acide apocrénique trouvés par Berzélius dans la terre végétale, dans le dépôt des eaux minérales, etc., etc., etc. Mais la chimie se trouve-t-elle assez avancée pour pouvoir nier que ces acides bruns soient dus à des substances tannantes, au principe du tanin lui-même? Ceci est une question, car l'origine de ces acides bruns qui se produisent dans un grand nombre de substances végétales, par l'intervention de l'oxygène de l'air, est aujourd'hui encore complétement incertaine; mais ce qui n'est pas une question, c'est la présence de principes acides ou amers, et essentiellement conservateurs, dans la terre de bruyère; or on rencontre des principes qui, par l'action de l'air, donnent des matières analogues à ces acides bruns, dans tous les corps contenant le tanin, dans la noix de galle, dans le cachou, dans l'écorce du chêne, du saule, de l'aune, du sumac, du marronnier d'Inde, et dans beaucoup d'autres substances peu propres ou même tout à fait impropres à la nourriture des animaux, tandis qu'on n'en trouve pas trace dans le tissu des céréales et des autres plantes alimentaires. Il paraît donc rationnel d'admettre que ces principes acides sont contraires à la végétation de ces mêmes plantes alimentaires, et que c'est, comme je l'ai dit, *en paralysant leur action nuisible* que le noir de raffinerie rend immédiatement propres à la culture des céréales les terrains en friche qui contiennent beaucoup de débris de végétaux.

en se combinant avec cet acide, *qui les rend eux-mêmes solubles dans l'eau*, de même que nous voyons dans nos laboratoires le phosphate osseux se dissoudre lentement dans une eau chargée d'acide. Ce sont donc ces phosphates, *devenus solubles*, qui fournissent en grande partie aux céréales les quantités considérables d'acide phosphorique que l'analyse fait retrouver uni à diverses bases dans tous les grains, et particulièrement dans le froment (1).

Mais si l'acide venait à manquer dans la terre de bruyère, s'il avait déjà été absorbé par de la marne ou de la chaux mélangées avec le sol dans des proportions considérables, ou bien si déjà il avait été peu à peu neutralisé, comme cela a lieu dans les parties de landes qui servent habituellement de passage aux animaux domestiques, par l'effet des déjections de ces animaux, alors l'action si puissante des phosphates, *qui résulte principalement de leur prompte décomposition*, serait plus lente et moins énergique; cette action, enfin, se trouverait notablement modifiée et amoindrie, au moins quant à ses effets immédiats.

Cela explique naturellement l'infériorité relative des céréales obtenues à l'aide du noir sur les parties de landes ou bruyères qui servent de passage aux bestiaux; cela explique également cette apparente incompatibilité avec la marne ou la chaux que MM. Chambardel et autres

(1) Pour reconnaître quelle est la quantité énorme d'acide phosphorique qu'absorbe le froment, consulter le tableau, donné par M. Boussingault et obtenu par lui à l'aide de la balance, des substances minérales enlevées au sol par le produit des diverses cultures faites à *Bechelbronn* sur 1 hectare de terre, et l'analyse des cendres provenant de toutes les plantes récoltées (BOUSSINGAULT, *Économie rurale*, tome II, pages 213 et 215).

ont signalée (mais sans en indiquer la cause) en ce qui touche la culture des céréales.

Mais cette espèce d'incompatibilité ne doit plus être la même, lorsqu'il s'agit d'obtenir du trèfle ou d'autres végétaux herbacés, dans la composition desquels il entre moins de phosphates et plus de calcaire; et en effet j'ai reconnu que, dans les premières années qui suivent un défrichement, le trèfle, même avec l'aide du noir animal, ne réussit réellement bien, lorsque le sol est complétement dépourvu de calcaire, qu'après un marnage ou au moins un chaulage qui lui fournissent la somme considérable de calcaire que cette plante exige, et que le noir de raffinerie ne contient pas en quantité suffisante pour elle, calcaire qui se retrouve, comme on le sait, avec une grande profusion, dans la feuille, dans la tige et dans toutes les parties du trèfle.

Maintenant l'acide phosphorique, que les grains, et surtout le froment, contiennent en si grande abondance, acide qu'ils puisent dans l'engrais appliqué au sol, et en particulier dans le noir de raffinerie (1); cet acide, dis-je, doit se retrouver chez les animaux qui se nourrissent de ces grains : chez les oiseaux d'abord, qui, pour la plupart, n'ont pas d'autre nourriture; chez l'homme, chez les animaux domestiques, etc.; et il s'y retrouve, en effet, sous forme de phosphates, partie dans les os et subsidiairement dans le sang, dans la chair, dans les viscères, etc., partie dans les déjections; car les animaux sont loin, surtout quand on les nourrit abondamment, d'assimiler compléte-

(1) Je ne tiens pas compte, pour l'instant, de l'air et des autres agents météorologiques, dont l'action régulière est indépendante de celle des engrais.

ment les principes nutritifs contenus dans leurs aliments : or leurs déjections ou excrétions contiennent à peu près toute la portion non assimilée de ces aliments, sauf ce qui retourne immédiatement à l'air par l'exhalation. Il suit de là que les déjections des oiseaux et autres animaux doivent être d'autant plus favorables à la culture des plantes alimentaires, et spécialement des céréales, que ces animaux consomment plus de grains.

Cela explique l'efficacité toute spéciale du guano et de la colombine, qui sont des déjections d'oiseaux granivores, celle de la poudrette, etc.; cela explique l'action très-différente de la poudrette, suivant qu'elle provient de populations plus ou moins bien nourries, consommant du froment ou bien d'autres grains; l'action très-différente aussi du fumier d'étable, selon qu'il a été obtenu de bêtes à l'engrais, c'est-à-dire nourries avec trop d'abondance pour qu'une partie considérable des aliments absorbés par eux n'échappe pas à l'assimilation, et en même temps perdant peu par les sueurs et l'évaporation, ou, au contraire, de bêtes de travail; cela explique aussi l'avantage qu'on trouve à employer de préférence tel ou tel engrais, suivant qu'on veut cultiver telle ou telle plante ; l'action plus ou moins épuisante des céréales, lorsqu'on les laisse parvenir à maturité et puiser dans le sol tout ce qui constitue leur graine, ou lorsqu'au contraire on les coupe en vert, quand elles n'ont encore demandé à la terre que les éléments beaucoup moins précieux (c'est-à-dire plus abondamment répandus dans la nature) dont se compose leur partie herbacée.

Ce principe une fois bien compris, savoir, qu'on retrouve, soit dans les tissus vivants des animaux, soit dans leurs déjections, tout ce que le grain et le fourrage dont ils se sont nourris avaient enlevé au sol, ou à l'engrais appliqué au sol, le cultivateur pourra en déduire lui-même toutes les conséquences et en tirer parti pour l'exploitation de sa ferme, sans autre guide que son intelligence et le résultat des observations que lui fournira sa pratique journalière.

En résumé,

1° Le noir animal résidu de raffinerie ne produit pas d'effet sensible sur les vieilles terres, ainsi qu'il résulte de la première des observations rapportées ci-dessus, parce qu'elles sont épuisées de matières végétales, et qu'il ne peut leur en restituer, comme ferait le fumier d'étable, puisqu'il n'en contient pas lui-même.

2° A l'égard de la terre neuve ou de bruyère, le noir de raffinerie complète les principes éminemment fertilisants, mais seulement de nature végétale, que contient cette terre, en lui fournissant, sous une forme qui les rend promptement assimilables, les éléments (nécessaires aux plantes alimentaires) qui lui manquent, et notamment l'azote que dégage, à l'état d'ammoniaque, l'albumine du sang.

3° Il devance et accroît, dans une proportion très-considérable, l'action régulière, mais lente et restreinte, de l'air, de la pluie et des autres agents météorologiques.

4° Il neutralise presque instantanément les principes amers ou acides de la terre de bruyère, principes à la fois contraires à la culture des plantes alimentaires et favorables à la végétation des plantes impropres à la nourriture des animaux.

5° Les phosphates que contient le charbon d'os, se combinant avec les acides répandus dans la terre de bruyère *non marnée,* deviennent, par l'effet de cette combinaison même, solubles dans l'eau, et fournissent dès lors aux céréales, à mesure qu'elles en ont besoin, les quantités d'acide phosphorique que ces plantes, le froment surtout, exigent impérieusement du sol dans lequel on les cultive, et qu'on retrouve dans le grain et dans la paille à l'état de combinaison ; quand, au contraire, la terre de bruyère a été marnée, les acides qu'elle contenait étant déjà en grande partie neutralisés par la marne, leur action dissolvante sur les phosphates osseux du noir animal n'est plus la même, et les céréales ne puisent plus à discrétion, si on peut s'exprimer ainsi, l'acide phosphorique qui leur est nécessaire pour parvenir à leur plus grand développement.

De son emploi en agriculture et de la manière la plus avantageuse de l'appliquer au sol.

Cette action si énergique du noir de raffinerie ne suffit pas cependant pour nous faire obtenir des terres neuves, même les plus riches en détritus végétaux, toutes les plantes alimentaires indistinctement. Si dans ces sortes de terres le seigle semé avec du noir donne presque toujours, dès la première année, une récolte satisfaisante (1), le froment,

(1) Il faut néanmoins s'attendre, quand on défriche de vastes landes, à rencontrer des parties où la terre est trop chargée d'acide pour qu'une seule application de noir de raffinerie soit suffisante. Dans ces parties, ordinairement peu étendues, la première récolte, même en seigle, est mauvaise, et quelquefois presque nulle ; mais le

semé dans les mêmes conditions, ne réussit, en général, que la seconde ou la troisième année. Le trèfle commun ne prospère, comme je l'ai dit, que plus tard; et quant au sainfoin, cette plante qui vient dans les terrains les plus arides, dans les fissures de roches même, pourvu que ces roches soient calcaires, je n'ai jamais pu, en employant cependant une quantité très-considérable de noir, lui faire atteindre 10 centimètres de hauteur dans les terrains complétement dépourvus de calcaire que je cultive; la plupart des graines ne lèvent même pas; le trèfle incarnat se montre presque aussi rebelle, mais il n'en est pas ainsi de la vesce qui, semée avec du noir, fournit, dès la seconde année, d'abondantes récoltes. Le trèfle blanc et la luzerne viennent bien mieux que le trèfle commun; seulement la luzerne dure peu, parce que sa racine pivotante rencontre presque toujours dans ces sortes de terrains un sous-sol impénétrable, en sorte qu'il faut la traiter comme du trèfle, c'est-à-dire comme plante bisannuelle.

A l'égard des fourrages graminés, le raygrass ordinaire, qui ne vient pas dans les terres amères ou de bruyère, quand on se borne à y appliquer du fumier d'étable,

noir n'est pas, pour cela, sans effet; car, si on n'en faisait pas usage, ces parties, où l'acide se trouve en excès, seraient trois ans au moins sans rien rapporter, tandis qu'après une seconde application de noir de raffinerie le seigle y viendra aussi bien que dans le reste du terrain.

Il se trouve aussi quelques parties où la terre, exclusivement composée de débris végétaux et formant une sorte de tourbe, est trop peu consistante, trop *creuse*, suivant l'expression des cultivateurs, et sujette à déchausser le blé par l'effet des gelées. On comprend bien que le noir de raffinerie ne peut pas avoir la vertu surnaturelle de rendre tous les terrains également bons.

réussit bien lorsqu'on le sème, comme le froment, deux ou trois ans après le premier emploi du noir, et peut-être même pourrait-on l'obtenir plus tôt. Mais j'avais été particulièrement frappé, dès la première application faite par moi du noir animal sur une bruyère défrichée, de la végétation vigoureuse que montraient, à travers les tiges du seigle, quelques pieds de houlque laineuse semés par le vent; je m'empressai, après la moisson, de faire labourer 1 hectare de ce même terrain, et j'y semai, dans le courant de septembre, 18 kilogrammes de houlque laineuse; après quoi je fis répandre à la main 4 hectolitres de noir de raffinerie. J'obtins, l'année suivante, comme deuxième produit de ce terrain, une ample récolte de houlque laineuse parfaitement nette de toute autre herbe, et portant une quantité considérable de graine que je laissai mûrir; et, si je n'avais pas immédiatement retourné la terre pour y semer du blé, elle m'aurait certainement donné une quantité de foin à peu près égale pendant plusieurs années. Cette plante pourrait donc, dès le début d'un vaste défrichement de bruyères, fournir une grande quantité de bon fourrage, et chacun sait que, dans des opérations de ce genre, le difficile est toujours de se procurer, dès la première année, le fourrage nécessaire pour nourrir les bêtes de travail.

Le noir animal convient parfaitement à la culture des pommes de terre, et mieux encore à celle des raves et navets, du colza et de toutes les variétés de choux. Il serait extrêmement utile de faire pour les divers terrains neptuniens du centre de la France, comme on a pu le faire depuis longtemps pour les sols granitiques de la Bretagne, des expériences comparatives sur l'application du noir résidu de raffinerie à chacune des plantes que nous cultivons, et de publier le résultat de ces expériences. Mais, en pareille matière, on ne doit s'avancer qu'appuyé sur des faits positifs, et je n'entrerai pas dans de plus longs détails à cet égard. Je veux m'occuper surtout de l'application du noir à la culture des céréales, qui ne suffisent pas, dans les départements du centre, pour nourrir les habitants, et à la culture des plantes fourragères les plus usuelles, parce que la base logique de toute opération d'industrie agricole est la production des fourrages.

Cet engrais s'employant toujours sous un volume peu considérable, on a pensé qu'il serait bon de le mélanger aux semences un peu volumineuses, telles que le blé et la vesce, et de le semer à la main avec le grain, ce qui ne présente aucune difficulté, la pesanteur du grain étant, à peu de chose près, égale à celle du noir. Mais bientôt on a eu l'heureuse idée de faire adhérer, autant que possible, l'engrais à la semence en humectant fortement le grain et en le saupoudrant ensuite de noir. On appelle cette opération *pralinage* ; mais il faut tout d'abord dire au cultivateur que ce mot *pralinage* est, en réalité, une expression purement théorique, propre à indiquer seulement le but qu'on désirerait atteindre, et qu'il ne doit pas prendre à la lettre. S'il était possible, en effet, que l'engrais enveloppât chaque grain de blé sans l'altérer, comme le sucre enveloppe chaque amande au sortir des mains du confiseur, et qu'ensuite, le grain étant semé, l'humidité du sol désagrégeât cette sorte de coque sans en déplacer les parties, nous obtiendrions, sans doute, d'excellents résultats; mais malheureusement, dans la pratique journalière, et lorsqu'il s'agit, pour chaque fermier, de semer, dans un espace de temps très-court, de grandes quantités de blé, souvent par la pluie, le brouillard, etc., cela ne se réalise pas (1).

Mais, si on ne peut atteindre cette perfection, on peut en approcher plus ou moins, et c'est à quoi il faut tendre, parce que les parcelles de noir, si petites qu'elles soient, qui adhèrent au grain, augmentent dans une proportion très-considérable la force de sa première végétation, ce qui exerce une influence décisive sur le développement total que prendra la plante. M. de Gourcy, dans son voyage publié en 1850, cite (page 363) une expérience comparative dans laquelle 10 hectolitres de noir à l'hectare, semés immédiatement après le blé, n'ont pas donné un rendement supérieur à ce qu'ont produit 5 hectolitres seulement du même noir mélangé, aussi exactement que possible, avec la semence humectée, et des expériences analogues

(1) On peut sans doute, par divers procédés, à l'aide de chaux vive en poudre, etc., parvenir à praliner, dans la réelle acception du mot, quelques litres, peut-être même quelques décalitres de grains, puis à les déposer dans le sol, en choisissant un temps favorable et en évitant avec soin le contact de l'humidité, jusqu'à ce qu'ils aient été recouverts par la terre. Mais, dans la pratique, voici ce qui arrive : la substance qu'on emploie pour humecter la semence est trop visqueuse dans un sens, et les grains de blé se collent les uns aux autres; elle ne l'est pas assez dans un autre sens, ce qui fait que le noir ne tient pas suffisamment après le grain. Enfin, si on parvenait à livrer au semeur du blé bien praliné, la désagrégation serait toujours amenée, soit par la compression qu'exercent ses doigts humides quand il saisit le mélange pour le lancer au loin, soit par le choc qu'éprouve le grain en tombant sur le sol, soit par les dents de la herse atteignant dans la terre le blé déjà humide, et par bien d'autres causes encore, à moins qu'on ne voulût emprisonner la semence dans une coque dure qui altérerait ses facultés germinatives, ou que sa radicule ne pourrait percer.

ont été répétées un grand nombre de fois avec le même succès. Ce mélange ou pralinage imparfait a donc au moins pour résultat certain d'économiser l'engrais, et il faut, par conséquent, s'assurer cet avantage.

A cet effet, on mouille fortement le grain soit avec la chaux éteinte en consistance de bouillie claire dont on se sert ordinairement pour chauler le froment, soit avec de l'eau dans laquelle on a fait dissoudre une substance glutineuse quelconque, soit rognures de peau, soit colle de peintre, etc., ou bien dans laquelle on fait bouillir de la farine ou du son (1); puis on ajoute le noir en poudre, et on mélange à la pelle aussi exactement que possible, jusqu'à ce que le tout soit amené à l'état de pâte consistante ou demi-sèche. Il ne faut pas, en général, laisser écouler plus de six à huit heures entre l'instant où l'on opère le mélange et celui où l'on sème, parce que la chaleur considérable qui se développe ordinairement dans le tas accélère singulièrement la germination des semences (2). Le cultivateur répand ensuite le mélange sur le sol non pas en une seule fois, comme on fait ordinairement quand on sème du blé, mais, au contraire, en passant et repassant trois ou quatre fois sur le terrain, ce qui a lieu tout naturellement, si le semeur se borne à prendre dans sa main

(1) M. Lupin, qui cultive parfaitement et qui opère sur des centaines d'hectares à la fois, est revenu simplement à la chaux, après avoir successivement essayé de toutes ces substances et de beaucoup d'autres encore. Comme lui, je n'emploie que la chaux.

(2) Lorsqu'on opère le mélange quelques heures avant de semer, la levée du blé se trouve avancée d'une manière sensible, et on diminue ainsi les pertes qu'occasionnent toujours les oiseaux et les animaux rongeurs.

la quantité en volume qu'il avait coutume de prendre quand il semait du grain seul.

Il importe beaucoup que l'engrais se trouve le plus près possible de la semence et que sa puissance d'action soit concentrée sur une couche de terre peu épaisse, afin que chaque plante trouve à sa portée, dès l'instant de sa naissance, des éléments nutritifs puissants qui lui procurent au début une végétation vigoureuse, et la mettent promptement en état de puiser dans l'air et dans le sol, d'assimiler par tous ses organes la plus grande quantité possible de nourriture. Il en résulte que la semence doit être enterrée à la herse, et non à la charrue; seulement il convient de repasser au moins deux ou trois fois, et de croiser le travail de la herse.

Mais il suit de là qu'on ne peut mettre la terre à billons, ce qui est un inconvénient dans les terrains humides; on y supplée en tirant à la charrue de nombreux sillons ou raies d'écoulement aussitôt après l'ensemencement à plat, et on fait, par ce moyen, des planches aussi étroites que l'exige la nature du sol; puis on cure immédiatement ces raies à la pelle, en donnant aux eaux une issue facile.

On conçoit que ce mélange du noir avec la semence présente des inconvénients pour l'égalité de l'ensemencement, lorsqu'il s'agit de graines fines, telles que le colza, les raves, etc.; plusieurs cultivateurs le font cependant, mais il me semble plus convenable, dans ce cas, de semer séparément la graine et l'engrais, sauf à augmenter la quantité d'engrais, surtout s'il s'agit de colza à semer en pépinière pour repiquer. Quant à la luzerne et au trèfle, le mieux, peut-être, est de les semer au printemps, sans addition d'engrais nouveau, sur un blé d'hiver fortement fumé avec du noir, et déjà fort; puis d'enterrer la semence par un léger hersage, qui, dans cette saison, ne fait que du bien au blé. J'ai toujours vu réussir ce procédé très-simple, très-peu coûteux, et qui permet de choisir le moment le plus favorable pour la luzerne, d'éviter les gelées tardives, etc. Quant aux pommes de terre, une femme suit l'ouvrier qui les place dans le sillon, et met une pincée de noir sur chaque semence, avant que la charrue ou la pioche ne vienne l'enterrer. Pour le colza, les choux et autres plantes repiquées, le planteur peut avoir à côté de lui un panier plein de noir en poudre, dans lequel il plonge la racine humide de chaque pied avant de le mettre en terre. Du reste, les cultivateurs trouvent bientôt des procédés avantageux pour chaque espèce de plantes.

La quantité de noir qu'on doit employer à l'hectare est une question très-controversée. L'économie qu'on obtient à cet égard, en mélangeant l'engrais avec la semence, n'aurait, au fond, qu'une importance secondaire, si l'excès de noir appliqué au sol pouvait se retrouver pour la récolte suivante ; mais il est à peu près certain qu'il n'en est pas ainsi, que les principes provenant du sang s'évaporent bientôt, s'ils ne sont pas absorbés promptement, que les phosphates devenus solubles ne restent pas non plus dans le sol, et qu'une perte notable est faite sur l'engrais non absorbé par les plantes avec lesquelles on l'a semé. Dès lors, il importe beaucoup de se borner à appliquer la quantité d'engrais strictement nécessaire pour obtenir des récoltes satisfaisantes. M. le docteur Chambardel, après plusieurs tâtonnements, s'est arrêté au chiffre de 4 1/2 hectolitres à l'hectare, quantité qui a été adoptée par un grand nombre de cultivateurs, et qui est à peu près celle que j'emploie.

Un autre cultivateur de la Touraine, M. de la Selle, met encore plus d'économie dans l'emploi de cet engrais, et il obtient quatre récoltes consécutives avec **11** hectolitres seulement de noir de raffinerie à l'hectare. Voici cet assolement rapporté par M. de Gourcy (1) :

1re année du défrichement, seigle avec. . .	3 1/2 hectol. de noir.
2e année du défrichement, froment.	3
3e année du défrichement, partie en colza, partie en vesces.	2 1/2
4e année du défrichement, avoine..	2
TOTAL par hectare pour quatre récoltes.	11 hectol. de noir.

On dit, il est vrai, que les blés de M. Chambardel obtenus avec 4 ½ hect. de noir à l'hectare sont plus beaux que ceux de M. de la Selle, et que le rendement en grains surtout est plus considérable; mais, d'un autre côté, un de mes fermiers n'a employé, l'année dernière, sur une étendue de **10** hectares semée en seigle, que 2 ½ à 3 hectolitres par hectare, et je dois dire que sa récolte m'a paru très-satisfaisante, mais le terrain sur lequel il a opéré était une bruyère versée depuis près de deux ans, qui avait été hersée un grand nombre de fois, et se trouvait ainsi, quant à l'action de l'air atmosphérique, dans les meilleures conditions possibles.

La pratique aura bientôt indiqué à chaque cultivateur les quantités exactes qu'il doit employer; mais, pour tout

(1) *Voyage en Belgique et dans plusieurs départements de la France* (Paris, 1849), page 142.

début, je crois pouvoir conseiller le chiffre de 4 ½ hectolitres donné par M. Chambardel, si, bien entendu, le noir de raffinerie est sans mélange de matières étrangères.

L'air atmosphérique, la pluie, l'électricité, etc., sont, comme on l'a vu, des agents fertilisateurs qui déposent lentement, il est vrai, mais constamment dans le sol les principes nutritifs que réclament les plantes alimentaires; on doit donc chercher à faciliter, par tous les moyens, leur concours efficace. Aussi, quand la bruyère a été versée par un premier labour, il faut herser le terrain plusieurs fois avec la herse de fer, et dans ce cas l'usage d'un rouleau de fonte ou de pierre très-pesant, qui alterne avec l'emploi de la herse, facilite singulièrement l'introduction de l'air et des eaux pluviales dans l'intérieur des mottes. Mais il est plus nuisible qu'utile de faire ce qu'on appelle *retrancher*, c'est-à-dire de retourner une seconde fois la surface du sol par un labour en travers. En effet, les mottes, composées de terre qui se trouve liée en tous sens par une multitude de racines croisées, ne pouvant être *mûries*, c'est-à-dire désagrégées suffisamment dans l'espace de quelques mois, ce second labour n'a d'autre résultat que de rendre le terrain plus inégal, et de ramener à la surface du sol des plantes nuisibles dont une partie végète de nouveau; d'autre part, il est plus avantageux, suivant ce que j'ai dit plus haut, de concentrer à la fois l'action de l'engrais et celle des agents météorologiques sur une couche de terre peu épaisse. La racine du blé, poussant alors avec vigueur à travers les mottes maintenues dans un état constant d'humidité par leur application immédiate au sol, a bien plus de puissance pour les désagréger que ne peuvent en avoir ces mêmes agents météorologiques sur des mottes isolées que le soleil dessèche et durcit chaque jour.

Lorsqu'on a le soin, après que la bruyère a été versée, de donner au terrain plusieurs hersages en temps opportun, c'est-à-dire immédiatement après la pluie, il se trouve, en général, assez de terre fine pour recouvrir légèrement la semence, ce qui suffit pour les blés d'hiver (1). On conçoit facilement, du reste, que tout ce que je viens de dire s'applique exclusivement aux défrichements opérés à la charrue, que je considère comme beaucoup plus économiques, dans une grande exploitation, que les défrichements à la pioche (2).

Après la récolte, on retourne la terre par un seul labour, et on procède de même, par des hersages seulement, jusqu'à l'ensemencement suivant. On ménage ainsi beaucoup ses attelages; car six ou huit façons à la herse équivalent à peine, pour la somme totale des forces dépensées, à un labour complet.

Je dois dire ici quelque chose de la succession des engrais. On a vu qu'après une ou deux applications de noir animal on pouvait, sans inconvénient, employer du fumier d'étable. On peut également continuer à se servir

(1) Il serait très-désavantageux de semer des céréales de printemps sur un défrichement tout à fait récent; la sécheresse saisirait presque immédiatement les mottes; on n'aurait aucun succès, et dans la plupart des cas même on ne retirerait pas la semence.

(2) Lorsqu'on défriche des bois, il faut bien avoir recours à la pioche; mais je crois que, dans ce cas, il est, en général, plus avantageux de laisser écouler une année après le piochage, puis ensuite d'opérer à la charrue, comme il vient d'être dit : tout cela, du reste, dépend des circonstances et de la nature du sol.

du noir de raffinerie, ou de tel autre que ce soit des engrais qu'on appelle ordinairement artificiels. C'est donc d'après le prix commercial et la richesse comparative de ces engrais que le cultivateur devra se déterminer; mais il aura, je crois, à tenir compte des considérations suivantes : tant que les terrains nouvellement défrichés contiennent des détritus végétaux, ce qui dure au moins dix ans, quelquefois beaucoup plus, et se reconnaît facilement à l'aspect et à la consistance de la terre, on peut employer des engrais pulvérulents artificiels sans addition de paille; mais quand les détritus végétaux ont été absorbés, quand les terres sont devenues ce qu'on appelle de vieilles terres, il faut absolument, du moins dans les provinces du Centre, où on enlève le chaume et même la racine des céréales, revenir au fumier d'étable, à moins d'y suppléer par des récoltes enfouies en vert, ou bien par une addition considérable de terre de bruyère neuve ou de tourbe.

Quant à l'assolement ou succession de culture, je n'en indiquerai pas ; le résultat de nombreuses expériences ayant démontré positivement que l'emploi du noir de raffinerie sur des terres neuves permet de revenir, plusieurs années de suite, à la même plante sans inconvénient sensible, le cultivateur fera comme le manufacturier, il se déterminera, du moins pendant les premières années qui suivent le défrichement, d'après le prix du marché, en semant ce qu'il présumera devoir se vendre le mieux ; mais je ne saurais assez lui répéter que plus on consacre de terrain à la production des plantes fourragères et plus la ferme prospère. C'est dans les contrées où, comme en Angleterre, la culture des prairies artificielles est très-étendue et celle du blé très-restreinte comparativement, qu'on trouve une agriculture florissante et des *cultivateurs riches*, deux mots qui sont si étonnés, chez nous, de se trouver ensemble.

Des conséquences économiques qui doivent résulter de son application au défrichement des terres incultes du centre de la France.

Pour apprécier ce que seront ces conséquences, il faut se rendre un compte exact du résultat actuel des défrichements de bruyères opérés sans le concours du noir de raffinerie.

Je prends pour exemple une ferme, comme il y en a tant dans les départements du centre, composée de 7 à 8 hectares de prés naturels qui, de mémoire d'homme, n'ont pas été fumés, et rapportent une très-petite quantité de foin plus ou moins mélangé de jonc, de 80 à 100 hectares de terres labourables, et d'environ 80 à 100 hectares de bruyères ou landes qui servent au pâturage des bestiaux en général, mais plus spécialement des bêtes à laine. Il faut d'abord faire remarquer que ces bruyères ne sont pas stériles pour le cultivateur, comme on l'a si souvent répété; elles produisent de la laine; elles produisent des élèves dans les races bovine, chevaline, et surtout ovine; elles produisent aussi de l'engrais pour les terres labourables : et en effet, à l'aide de ces landes ou bruyères, le cultivateur qui occupe la ferme dont j'ai parlé entretient, toute l'année, un troupeau de brebis mères qui couchent seulement à l'étable, sans y prendre de nourriture (si ce n'est pendant les fortes neiges, cinq à six jours par an tout au plus), et dont le fumier, ajouté à celui de ses bêtes d'attelage et de ses vaches, lui permet d'engraisser tant bien que mal ses terres labourables.

Je suppose maintenant qu'il défriche, en peu d'années, le tiers de ses bruyères, soit 30 hectares; il sera obligé de réduire son troupeau d'un tiers, car il n'aura pas la ressource d'abandonner au pâturage, par compensation, une étendue équivalente de ses vieilles terres, puisque, pendant les trois premières années environ, les bruyères défrichées sans le concours du noir animal ne donnent pas de récoltes. Il diminuera donc d'un tiers la somme des engrais que lui produisait son troupeau, et en même temps il augmentera, dans une égale proportion, l'étendue de ses terres labourables qu'il lui faut nécessairement fumer pour en tirer parti. Il marche donc rapidement à une ruine inévitable. S'il pouvait, à la place de ses bruyères, obtenir des prairies artificielles, le résultat serait bien différent; il remplacerait le pâturage par la nourriture à l'étable ; il aurait moins de frais de garde et plus de fumier. Mais il n'en est pas ainsi ; dans les terrains maigres et dépourvus de calcaire, où se trouvent le plus ordinairement les bruyères, aucune plante de celles qu'on cultive pour former des prairies artificielles ne peut réussir sans le marnage. Or le marnage est souvent impossible, à cause de la distance où se trouve la marne, qui manque même totalement dans la plupart de ces contrées ; il faut donc qu'il subisse la peine de ses imprudents défrichements. Telle est l'exacte vérité sur les défrichements de bruyères opérés dans les circonstances ordinaires; vérité qui, malheureusement, n'a jamais été dite, et c'est là ce qui ruine successivement tous ces cultivateurs, qui viennent des départements du nord et de l'est apporter quelques économies dans un pays dont ils ne connaissent ni les avantages ni les dangers.

Prenons maintenant une ferme semblable, et plaçons-y un cultivateur, étranger ou régnicole, peu importe, mais intelligent et connaissant les ressources que lui offre le noir de raffinerie. Je suppose qu'il défriche d'abord 5 hectares de bruyères, pour continuer de même chaque année, tant qu'il y trouvera de l'avantage : il les ensemence immédiatement, en employant pour engrais du noir animal; et, si nous admettons qu'il soit assez sage pour ne pas chercher à augmenter considérablement, dès la première année, sa récolte en grains, il laissera pour la pâture une superficie égale, soit 5 hectares environ de vieilles terres, en sorte qu'il ne changera rien à son troupeau. Dès lors il lui restera une quantité de fumier d'étable proportionnée à l'étendue des terres neuves auxquelles il aura appliqué pour engrais du noir de raffinerie.

Que fera-t-il de ce fumier? C'est là que je vois, pour la Sologne et pour toutes les provinces qui possèdent beaucoup de landes ou bruyères, un moyen d'amélioration certain et immédiat; non plus par des semis de bois résineux, que la grande propriété opère dans ces provinces depuis bien des années, et dont les proportions dépassent déjà les limites des besoins locaux; non plus par des semis de chêne et autres bois non résineux, lesquels, bien qu'ils réussissent généralement, ne produisent de revenu réel qu'après un long espace de temps et sont, par cela même, hors de la portée des petits propriétaires, semis qui, d'ailleurs, tendent encore, les uns comme les autres, à dépeupler des contrées où la population se trouve déjà trop clair-semée ; mais par une production nouvelle de bestiaux et de céréales, pouvant, avec les bois qui existent déjà en abondance, répondre à tous les besoins d'une population croissante, en même temps qu'elle assainira la contrée elle-même. Ce fumier, dis-je, qui reste disponible, il le mettra sur ses prés naturels, qui ne lui rapportent qu'une petite quantité de foin très-médiocre, parce qu'ils n'ont jamais été engraissés, et qui, dès l'année même où aura eu lieu une application suffisante et raisonnée de fumier d'étable, lui donneront une quantité de bon foin double de celle qu'il en retirait précédemment.

Il obtiendra encore un autre résultat précieux ; ce sera de pouvoir, sans inconvénient, arroser ses prés, opération qu'il ne peut tenter aujourd'hui sans voir remplacer par du jonc l'herbe qui y croît naturellement. En effet, une circonstance singulière, mais bien connue des cultivateurs de la Sologne et des autres parties de la France que j'ai citées plus haut, c'est que l'irrigation, dans ces contrées, amène immédiatement la naissance du jonc, qui se substitue aux graminées et envahit, dans l'espace d'une seule année, les prés même les plus élevés, et ceux dont le sol a le plus de pente. Cela tient à deux causes : d'une part les sources et les ruisseaux se chargent, en traversant le sol, en parcourant les landes et les bois, de ces principes acides qui sont, comme on l'a vu plus haut, essentiellement favorables à la végétation des joncs comme à celle des bruyères ; ces principes s'infiltrent, par l'irrigation, dans la couche de terre végétale, et le jonc, dont les semences sont répandues dans toute la contrée, s'y développe immédiatement, à moins que les prés ne se trouvent déjà imprégnés de substances alcalines propres à neutraliser ces principes. D'autre part, le sol des prairies est tellement saturé de ces mêmes principes acides ou amers, que, pour amener à produire exclusivement du jonc un pré qui en produisait peu, parce qu'il était très-sec, il suffit de lui donner, par voie d'irrigation, l'eau qui lui manquait. Il importe peu de savoir dans quelle proportion chacune de ces deux causes concourt au résultat, mais ce résultat est certain, et il n'est pas, dans ces contrées, un seul cultivateur expérimenté qui ne sache bien que le seul moyen, pour lui, d'avoir du foin passable et à peu près exempt de jonc est d'éloigner l'eau des prés *en toute saison*, à moins que ces prés ne soient couverts de fumier, ou que cette eau ne soit chargée de marne comme celle de la rivière de Sauldre (1).

Je reviens au cultivateur dont j'ai parlé. Combien aura-t-il dépensé, la première année, pour arriver à ce résultat,

(1) La grande et la petite Sauldre, qui se réunissent au-dessus de Salbris, traversent, dans la première partie de leur cours, un sol entièrement composé de marne. Ces rivières, la grande Sauldre surtout, rongent incessamment leurs rives, en sorte qu'elles entraînent une grande quantité de cette marne délayée, et, dans les parties moyennes de leur cours principalement, elles déposent, sur les prairies qu'elles inondent aux époques des crues, un sédiment calcaire très-fertilisant, et éminemment propre à neutraliser les principes acides contenus dans le sol des parties de la Sologne qu'elles arrosent. Les ruisseaux, au contraire, qu'elles ont pour affluents dans cette partie moyenne de leur cours prennent source dans la contrée même, et ne traversent que des terrains acides ou amers; leurs eaux doivent donc produire et produisent, en effet, des résultats diamétralement opposés.

comparativement à ce qu'il dépense, en réalité, pour la main-d'œuvre seule qu'entraîne le transport de son fumier d'étable? Sur 5 hectares de terre il met, à raison de 40 mètres cubes par hectare en moyenne, une quantité de 200 mètres de fumier (1), qui lui coûtent, pour le piochage du tas, le chargeage dans les tombereaux, le transport sur des champs plus ou moins éloignés, l'épandage sur ces mêmes champs et le labour destiné à enterrer le fumier avec la semence (2), 75 centimes à 1 franc par mètre cube, soit, en moyenne, 175 fr. Telle est, réellement, sa dépense actuelle. Il évitera tous ces frais pour les 5 hectares dont il est question, mais il aura à acheter 22 $\frac{1}{2}$ hectolitres de noir de raffinerie, lesquels, pris à Paris au prix actuel de 7 fr. 50 c., lui reviendront, rendus sur son champ, à 10 fr. l'hectolitre à peu près, en supposant qu'il se trouve à une distance moyenne de 50 lieues; soit une dépense totale d'environ 225 fr. Il retrouvera donc, en grande partie, sa mise de fonds rien que dans l'économie faite par lui de ce que lui coûteraient le transport dans le champ et les autres frais occasionnés par l'emploi du fumier d'étable (3).

(1) Beaucoup de cultivateurs ne mettent pas sur leurs terres 40 mètres cubes de fumier à l'hectare, quelques-uns même ne mettent que la moitié de cette quantité ; mais j'ai parlé d'un homme intelligent et qui cultive bien.

(2) On a vu, plus haut, que le blé semé avec du noir animal devait être enterré simplement à la herse, et non à la charrue.

(3) Je ne parle pas des frais qui auront lieu pour le transport de ce même fumier sur ses prés ; la saison la plus convenable pour l'opérer est précisément celle où les ouvriers de la ferme et les bêtes d'attelage sont le moins occupés.

Je sais très-bien qu'on peut me dire : Mais ces frais de transport et de main-d'œuvre ne sont pas des déboursés immédiats ; ce sont des travaux qu'exécutent les hommes et les bestiaux de la ferme. Il a par-devers lui les moyens d'y subvenir, et il n'a peut-être pas en sa possession les **225** fr. qu'il lui faudrait pour acheter et faire venir **22** $\frac{1}{2}$ hectolitres de noir animal. C'est là une objection dont je sens bien la puissance, surtout dans l'état actuel des choses. Si le cultivateur dont je parle ne peut se procurer, soit par lui-même, soit par son propriétaire, la somme très-modique qui est nécessaire pour payer, sans avoir à servir d'intérêts onéreux, la quantité de noir qu'il lui faut pour le premier défrichement, ne fût-il que de **1** hectare, celui-là devra attendre des temps meilleurs ; mais, partout où il y aura des cultivateurs possédant quelques avances, ou des propriétaires aisés et un peu intelligents dont les fermes se trouveront dans les conditions que j'ai indiquées, l'amélioration sera certaine et immédiate.

Or une amélioration qui peut s'opérer en trois ans, en deux ans, en un an même, puisque l'engrais est absorbé par des plantes qui accomplissent en moins d'une année leur phase de végétation (1); cette amélioration, dis-je, est à la portée non-seulement du petit propriétaire aussi bien que du grand, mais des fermiers eux-mêmes, n'eussent-ils

(1) On a vu, plus haut, avec quelle facilité le noir cède, aux plantes que nous cultivons, les éléments nutritifs qu'il contient. Le fermier n'a donc pas à craindre qu'un autre vienne recueillir le fruit de ses avances, et d'autre part l'emploi du noir ne peut, par la même raison, être, pour un propriétaire avide, un motif suffisant pour renvoyer son fermier, dans l'espoir de s'approprier le résultat de ses améliorations.

qu'un bail de trois ans, ce que tout le monde considère, avec raison (les baux de trois ans), comme le plus grand obstacle aux progrès de l'agriculture.

On conçoit facilement qu'une fois le cultivateur entré dans cette voie *nouvelle* des défrichements *fructueux,* une fois les difficultés de la première année vaincues, les produits immédiats de son défrichement l'aideront à en opérer d'autres. Son premier seigle lui a fourni une quantité de paille bien plus considérable que ce que lui donnaient ordinairement ses vieilles terres (1); il obtient de ses bruyères, la seconde année du défrichement, des raves, de la vesce et d'autres plantes fourragères qui viennent accroître les ressources que lui a procurées, dès la première année, l'amélioration de ses prés naturels, et il augmente le nombre de ses bestiaux, ce qui devient pour lui une nouvelle source d'engrais. Le colza qu'il ne cultivait pas, dont il savait à peine le nom, amène de l'aisance dans la ferme ; l'avoine obtenue des terres neuves vient s'ajouter au blé noir que produisent les vieilles terres ; le froment se joint au seigle; en sorte que les hommes comme les bestiaux se trouvent mieux nourris.

D'autre part, les bénéfices que réalisent à la fois le fermier et le propriétaire leur font bientôt désirer et les mettent en mesure d'exécuter peu à peu le marnage des vieilles terres, puis les travaux de desséchement, de drainage, etc., que la modicité actuelle des produits ne permet

(1) Le premier résultat du noir de raffinerie étant d'augmenter considérablement le nombre et la hauteur des tiges produites par chaque grain, la quantité de paille est souvent presque double de celle qu'on obtient sur les vieilles terres avec du fumier ordinaire.

pas d'entreprendre avec profit, mais dont on sentira la nécessité et les avantages, dès que la culture se trouvera réellement profitable. Cet assainissement, joint au fait seul de la mise en culture des landes, deviendra une cause d'amélioration immédiate dans l'état sanitaire des habitants, et pourra mettre un terme à cette apparence maladive qu'il faut attribuer à la mauvaise nourriture autant qu'à la constitution du sol, mais qui concourt, avec l'aspect du pays, à discréditer certaines parties de nos provinces du Centre. La contrée entière peut donc sortir, grâce à ses terres en friche, de cet état d'infériorité que semble attester, aux yeux du voyageur, la vue de ces friches elles-mêmes.

L'emploi du noir de raffinerie transformera en champs de froment ces vastes bruyères, comme il a déjà transformé, depuis vingt ans, une partie des landes de la Bretagne, province dont les exportations en blé augmentent tous les jours depuis qu'elle a adopté cet engrais, et cela indépendamment de la consommation locale résultant d'un accroissement de population plus rapide que celui qui a eu lieu dans la plus grande partie de nos autres départements.

Il faut bien remarquer, en effet, que je ne fais pas ici de suppositions gratuites fondées sur un espoir qui peut être chimérique; *ce sont des faits qui se passent depuis bien des années à côté de nous.* La Bretagne, en effet, ne s'est pas contentée de ce que lui fournissent nos usines; elle a demandé du noir de raffinerie à la Belgique, aux Pays-Bas, à l'Angleterre, à l'Allemagne, à la Suède, à la Russie surtout, et l'accroissement de ces importations a été tellement rapide, que les quantités venues de l'étranger, lesquelles, avant 1837, atteignaient à peine 1 million de kilogr., se sont élevées en moyenne, dans le seul port de Nantes, à **10** millions de kilogr. pour chacune des années qui se sont écoulées pendant la période décennale de **1837** à **1847**. En ajoutant à ces **10** millions de kilogr. venus de l'étranger la quantité moyenne de **6** millions de kilogr. que Nantes a tirés, pendant cette même période, des raffineries françaises, on arrive au chiffre total de **16** millions de kilogr., entrant, chaque année, dans le seul port de Nantes (1); ce qui, à raison de **95** kilogr. par hectolitre, poids moyen, donne pour cette ville un total annuel de **168,000** hectolitres pouvant, si on emploie en nombres ronds **5** hectolitres de noir par hectare, fertiliser annuellement **33,600** hectares de terres neuves (2).

Dans le cas où l'on contesterait ce que j'ai avancé sur la coïncidence d'un accroissement marqué dans les ex-

(1) Une partie de ces noirs résidus de raffinerie, et surtout les noirs gros grain de Russie, pouvant se révivifier et être employés de nouveau par les raffineurs français (bien qu'il ne soit pas prouvé que cela ait lieu pour des quantités importantes), une décision ministérielle du 6 septembre 1844 a frappé d'un droit très-élevé les noirs en grain, même à l'état de résidus, ce qui a occasionné, à partir de 1845, une diminution dans les envois de l'étranger; mais, depuis cette époque, le port de Nantes a demandé plus de résidus aux raffineries françaises, en sorte que la consommation n'a pas sensiblement diminué, et je lis, dans le *Journal d'agriculture pratique* du 20 mars 1852, que, pendant l'année 1851, il est entré dans le port de Nantes, en noir de raffinerie,

Venant de l'étranger.	5,887,000 kilog.
Venant des raffineries françaises. . .	11,015,000
TOTAL ÉGAL à la moyenne ci-dessus indiquée.	16,902,000

(2) Voici, suivant le *Tableau général du commerce de la France*,

portations en blé de la Bretagne avec l'extension rapide qu'a prise, dans cette contrée, l'emploi du noir de raffinerie (1), je pourrais en fournir la preuve à l'aide du *Tableau général du commerce de la France* et du *Tableau particulier de son cabotage*, publiés, chaque année, par l'administration des douanes, et aussi à l'aide des documents spéciaux que possède le ministère de l'agriculture et du commerce.

Je terminerai cet exposé des conséquences économiques de l'emploi du noir de raffinerie dans nos départements du centre par une dernière considération : c'est, en définitive, un blé bien cher que celui qu'on obtient à vil prix en ne rémunérant pas suffisamment le travail du producteur, car ce bon marché-là, en décourageant ceux qui cul-

le chiffre total des importations de noir de raffinerie venu de l'étranger de 1837 à 1847 :

Années.	Nomb. exprimés en kilog.
1838.	14,081,361
1839.	12,689,906
1840.	14,283,000
1841.	13,884,000
1842.	15,869,000
1843.	14,506,000
1844.	13,886,000
1845.	11,279,000
1846.	7,956,000
1847.	11,214,000

Les quantités de noir qui, dans ce tableau, excèdent les 10 millions de kilogr. reçus annuellement, en moyenne, de l'étranger, par le port de Nantes, ont été absorbées par les autres ports de nos départements de l'ouest.

(1) En ne tenant pas compte, toutefois, des circonstances anormales qui se sont produites lors de la disette de 1847.

tivent la terre, conduit forcément à la disette ; mais, quand le bon marché est le résultat d'une production abondante et en même temps économique, alors il fait la richesse du pays, en lui permettant de satisfaire, avec ses seules ressources, aux besoins de sa population croissante.

Or les provinces qui possèdent beaucoup de terres en friche ayant pour industrie principale l'élève du bétail, d'où résulte naturellement une population moins dense, c'est, en général, dans ces provinces que les oscillations du prix des grains sont plus fréquentes et plus marquées, parce que le petit nombre et le mauvais état des voies de communication, résultat forcé d'une population clair-semée (1), rendent plus difficile l'approvisionnement, par la voie du commerce, d'une denrée aussi encombrante et d'un transport aussi dispendieux que le grain. Mais la culture avantageuse des terrains en friche par l'emploi du noir animal peut amener et maintenir sur les marchés du Centre un prix modéré des céréales, sans entraîner, comme nous l'avons vu malheureusement dans ces dernières années, la ruine des cultivateurs et, par suite, celle des propriétaires.

(1) Lorsque la population est rare, les communes ont une grande étendue superficielle ; chacun des chemins qui les traversent offre donc un parcours plus considérable, d'où il résulte que la construction et l'entretien de ces chemins sont plus onéreux ; et précisément le petit nombre des habitants amoindrit les ressources qui doivent subvenir à ces dépenses, car les ressources dont il s'agit consistent exclusivement dans les centimes additionnels aux contributions directes et dans les prestations en nature, impôts dont le produit est d'autant moins élevé que la population est plus rare et le sol moins fertile.

Il est donc d'une haute importance de propager par tous les moyens et de vulgariser autant que possible, dans ces provinces plus qu'ailleurs, l'usage et l'application, au défrichement des terres incultes, du noir animal résidu de raffinerie.

CONCLUSION.

Je me suis proposé, dans ce mémoire,

1° De résoudre le problème suivant : ***obtenir, dans l'espace d'une seule année, l'emploi de toutes les forces végétatives d'un terrain sans l'épuiser, et l'emploi de toutes ces propriétés fertilisantes d'un engrais sans en rien laisser dans le sol*** (1) ; ce qui permettrait à l'industrie agricole, dans les circonstances données, de calculer d'avance, et pour un terme très-rapproché, comme peut le faire l'industrie manufacturière, le produit des opérations auxquelles elle veut se livrer.

2° De faire connaître le mode d'action du noir animal résidu de raffinerie sur la végétation des plantes que nous cultivons, et, à cette fin, d'expliquer

Par quelle cause l'effet de cet engrais, si puissant sur les terres neuves, est à peu près nul (les doses étant les mêmes) sur les terres cultivées depuis longtemps ;

Comment l'emploi du noir de raffinerie permet de cultiver, plusieurs années de suite, la même plante céréale sur

(1) Il est évident qu'on ne doit pas chercher dans la solution une exactitude rigoureuse et absolue ; car il s'agit d'un problème physique et non d'un problème mathématique.

le même terrain, sans augmenter la quantité de l'engrais et sans voir diminuer le produit de la récolte;

Pourquoi les terres en friche, lesquelles ne deviennent fertiles, par l'emploi du fumier ordinaire, qu'après avoir été travaillées pendant plusieurs années, produisent immédiatement des céréales avec le concours du noir de raffinerie;

A quoi on doit attribuer que cet engrais fasse disparaître du sol les plantes impropres à la nourriture des animaux pendant qu'il favorise la végétation des plantes alimentaires;

Par quelle raison la marne et la chaux, qui sont les amendements les plus propres à mettre une terre neuve en état de rapport, semblent cependant paralyser l'action du noir de raffinerie et en rendre l'effet presque nul sur cette même terre neuve;

Puis, très-subsidiairement et par une note, quel peut être l'agent conservateur à la présence duquel est due la formation des couches de débris végétaux connues sous les noms de terre de bruyère et de tourbe.

3° D'indiquer les obstacles, trop peu connus, qui se sont opposés, jusqu'à ce jour, au défrichement des landes ou bruyères, ainsi que le sort réservé à la plupart de ceux qui l'entreprennent dans les circonstances ordinaires; puis, d'autre part, le moyen nouveau que nous offre, pour vaincre ces obstacles, le noir animal résidu de raffinerie.

4° Enfin de signaler, pour l'application de cet engrais au défrichement des terres incultes, les procédés les plus logiques et en même temps les plus économiques.

Il m'a semblé urgent d'appeler la lumière sur ces questions, d'amener, s'il est possible, à les discuter l'Académie des sciences, et spécialement la section d'économie rurale. Le défrichement des terres incultes du centre de la France est l'objet de tous les vœux, à ce point que, de toutes parts, on sollicite, à cet égard, le concours efficace du gouvernement. Le budget cependant ne peut subvenir à toutes les dépenses, et l'action de l'intérêt privé me paraît ici suffisante, car ce défrichement s'exécutera, sans aucun sacrifice de la part de l'État, dès qu'il sera fructueux pour ceux qui l'entreprendront ; mais, quelque avantageux que puisse être le moyen indiqué, l'emploi de ce moyen ne se généralisera que quand ses effets seront bien compris

---

TABLE.

PARIS.—IMPRIMERIE DE Mme Ve BOUCHARD-HUZARD, RUE DE L'ÉPERON, 5.

www.ingramcontent.com/pod-product-compliance
Lightning Source LLC
LaVergne TN
LVHW011957160826
845678LV00002B/591

* 9 7 8 2 3 2 9 6 7 7 6 8 2 *